了解能量

获得能量的琳琳

温会会 / 文　曾平 / 绘

浙江摄影出版社
全国百佳图书出版单位

从前，在遥远的宇宙中，有一颗不起眼的硬壳星。

这颗星球的外面，覆盖着厚厚的硬壳，十分奇怪！

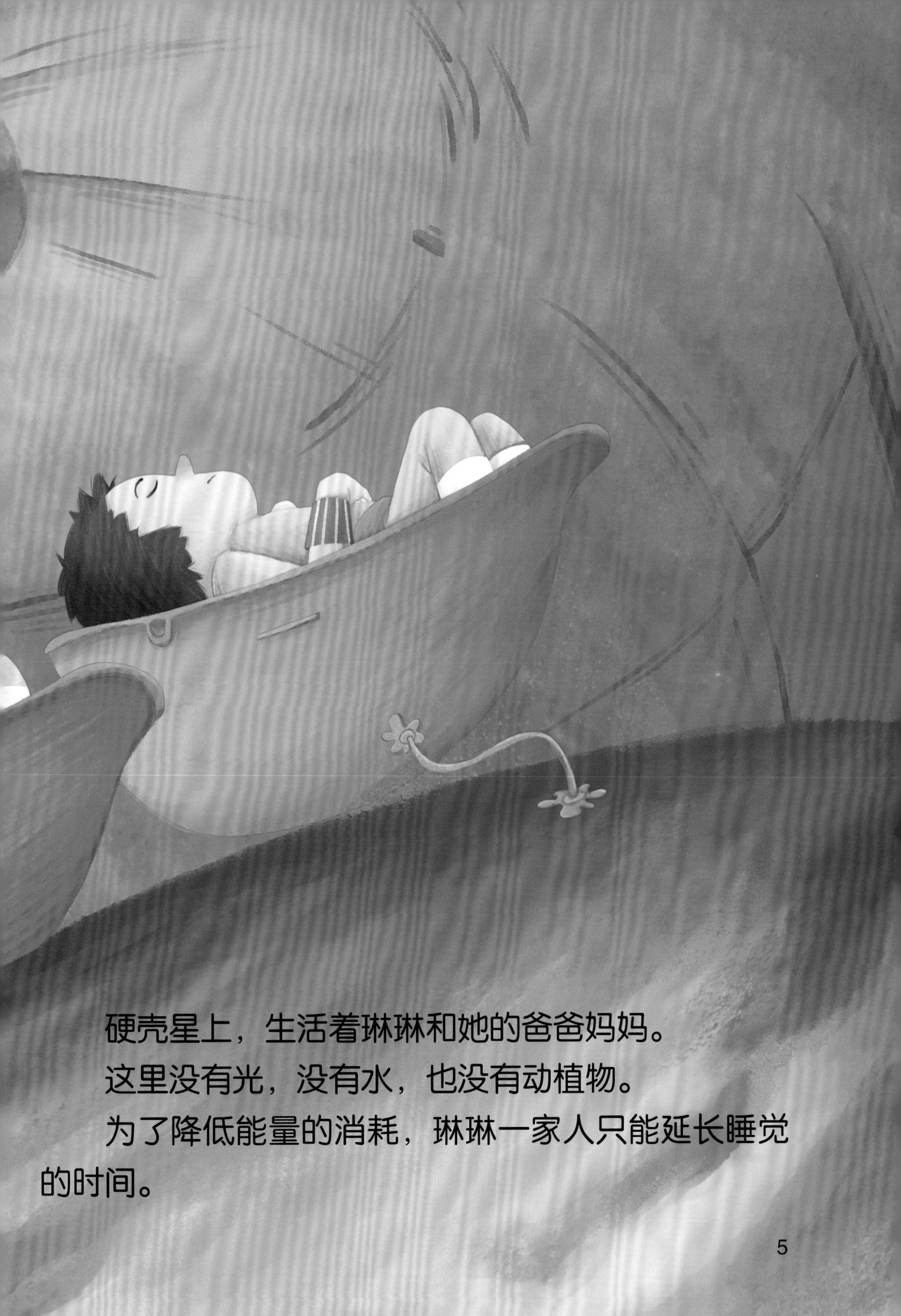

硬壳星上，生活着琳琳和她的爸爸妈妈。

这里没有光，没有水，也没有动植物。

为了降低能量的消耗，琳琳一家人只能延长睡觉的时间。

这一天，琳琳缓慢地睁开眼睛，用太空镜观察宇宙。

她惊喜地发现，在茫茫的宇宙中，有一颗美丽的蓝色星球！

蓝色星球上，有浩瀚的海洋，也有广阔的陆地。在那里，人和动植物都充满了活力！

“蓝色星球上的生命，从哪里获得能量呢？”琳琳好奇地想。

透过镜头，琳琳看到了人类的餐桌，上面放着牛肉、蔬菜、水果等美味的食物。

小朋友吃了食物，获得了满满的能量，欢快地奔跑跳跃！

“动物从哪里获得能量呢？”

带着疑问，琳琳继续观察。她看到，牛通过啃食嫩草等植物，长得高大又健壮。

“植物又是从哪里获得能量的呢？”

蔬菜和水果等植物，在太阳光的照射下茁壮成长。

琳琳心想：“我好像明白了，植物的能量来自太阳。”

蓝色星球的白天很明亮，晚上也充满了光明。

“灯的能量从哪里来？”琳琳想。

原来，灯发光需要电能，而电是在发电厂里制造出来的。

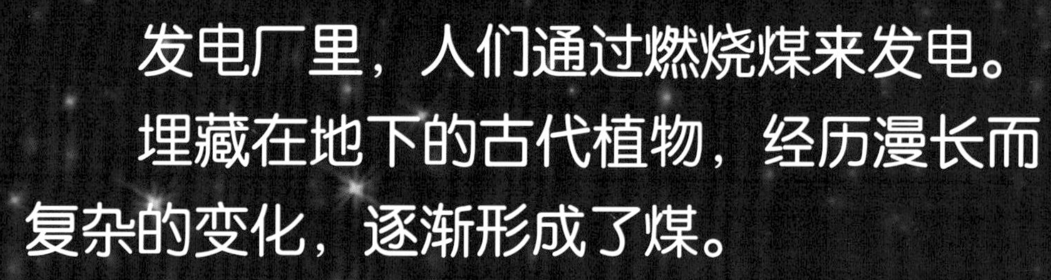

发电厂里，人们通过燃烧煤来发电。

埋藏在地下的古代植物，经历漫长而复杂的变化，逐渐形成了煤。

“植物的生长离不开太阳。那么，煤的能量也来自太阳。”琳琳笑着说。

琳琳还发现，蓝色星球上会下雨。

雨滋润了大地，汇聚成江河湖海，给人类送来淡水。

“雨是怎么产生的呢？”琳琳想。

原来，阳光下，地面的水变成水蒸气。水蒸气在高空形成了云，最后降下来变成了雨。

“我明白了，雨的能量也来自太阳。看来，蓝色星球的能量，都是太阳给予的！”琳琳恍然大悟。

突然，硬壳星剧烈地晃动起来。

“轰隆隆！”最外面的硬壳开始破裂。

随着硬壳的裂开，灿烂的阳光照进了硬壳星。

“哇，阳光！”爸爸说。

“太好了，我们也拥有能量了！”妈妈说。

琳琳获得了能量，高兴地蹦了起来！

责任编辑　陈　一
文字编辑　徐　伟
责任校对　朱晓波
责任印制　汪立峰

项目设计　北视国

图书在版编目（CIP）数据

了解能量：获得能量的琳琳 / 温会会文；曾平绘. -- 杭州：浙江摄影出版社，2022.8
（科学探秘·培养儿童科学基础素养）
ISBN 978-7-5514-3986-2

Ⅰ. ①了… Ⅱ. ①温… ②曾… Ⅲ. ①能－儿童读物 Ⅳ. ①031-49

中国版本图书馆 CIP 数据核字（2022）第 093472 号

LIAOJIE NENGLIANG : HUODE NENGLIANG DE LINLIN
了解能量：获得能量的琳琳
（科学探秘·培养儿童科学基础素养）

温会会 / 文　曾平 / 绘

全国百佳图书出版单位
浙江摄影出版社出版发行
地址：杭州市体育场路 347 号
邮编：310006
电话：0571-85151082
网址：www.photo.zjcb.com
制版：北京北视国文化传媒有限公司
印刷：唐山富达印务有限公司
开本：889mm×1194mm　1/16
印张：2
2022 年 8 月第 1 版　　2022 年 8 月第 1 次印刷
ISBN 978-7-5514-3986-2
定价：39.80 元